菌类与藻类

撰文/高爱菱　　　审订/黄淑芳

中国盲文出版社

怎样使用《新视野学习百科》?

> 请带着好奇、快乐的心情，展开一趟丰富、有趣的学习旅程！

1 开始正式进入本书之前，请先戴上神奇的思考帽，从书名想一想，这本书可能会说些什么呢？

2 神奇的思考帽一共有6顶，每次戴上一顶，并根据帽子下的指示来动动脑。

3 接下来，进入目录，浏览一下，看看这本书的结构是什么，可以帮助你建立整体的概念。

4 现在，开始正式进行这本书的探索啰！本书共14个单元，循序渐进，系统地说明本书主要知识。

5 英语关键词：选取在日常生活中实用的相关英语单词，让你随时可以秀一下，也可以帮助上网找资料。

6 新视野学习单：各式各样的题目设计，帮助加深学习效果。

7 我想知道……：这本书也可以倒过来读呢！你可以从最后这个单元的各种问题，来学习本书的各种知识，让阅读和学习更有变化！

神奇的思考帽

客观地想一想

用直觉想一想

想一想优点

想一想缺点

想得越有创意越好

综合起来想一想

? 生活中常见的菌类和藻类有哪些？

? 你喜欢吃哪些菌类和藻类？

? 菌类和藻类对生态环境有什么贡献？

? 哪些菌类和藻类会危害人类生活？

? 如果生活在没有菌类的世界，会发生哪些事情？

? 菌类和藻类可以应用在生活哪些方面？

目录 ■ ■

■神奇的思考帽

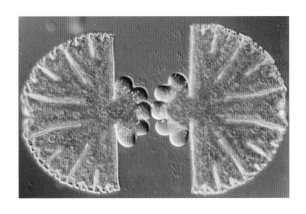

CONTENTS

菌类和藻类

18世纪中叶，生物学家林奈将当时已知的生物分成植物界和动物界，但随着科学的发展，人们发现旧分类法无法包括所有的生物，于是重新分类。除了原有的两界，还将没有细胞核的生物归为原核

起源与进化

一般认为菌类和藻类都源于具有鞭毛的原始单细胞水生生物，其中具有光合色素的种类，逐渐进化为低等藻类，接着再进化出高等藻类，甚至蕨类、植物等；而不具色素的种类则进化为低等的水生菌类（壶菌类），之后再进化出高等陆生菌类。由此可知，菌类和藻类

壶菌是最原始的菌类（下小图，图片提供/维基百科）。科学家推测许多蛙类的灭绝都与壶菌有关，图为南美雨林地区濒临灭绝的小丑箭毒蛙。（图片提供/达志影像）

生物界，菌类归为菌物界，藻类等构造简单的真核生物属于原生生物界。至于介于生物与非生物之间的病毒，则不属于任何一界。

病毒介于生物与非生物之间，兼具有遗传物质、会繁殖等生物特性，以及不能进行代谢的非生物特性。（图片提供/CDC）

的进化是平行的，两者出现的时期十分相近，从化石记录中可以发现，早在6亿年前，海洋中便有壶菌和藻类共生。

菌类不具叶绿素，也不能进行光合作用，因此不属于植物，独立为菌物界。（摄影/巫红霏）

自立门户的菌物界

菌类生物因为不像动物能自行移动，加上细胞

在新的分类系统中，生物分为原核生物界、原生生物界、菌物界、植物界和动物界。

系统中，除了不具细胞核的蓝绿藻被分类于原核生物界外，其他的藻类都是原生生物界的成员。

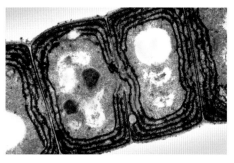

颤藻属于蓝绿藻，没有细胞核，因此被分类到原核生物界中。（图片提供/达志影像）

具有细胞壁，因此在旧的分类系统中，属于植物界的真菌门。1969年，美国康奈尔大学的惠特克认为，菌类不具有叶绿素，而且细胞壁的成分为几丁质，而不是纤维素，与植物有许多差异，因此将它们独立为菌物界。

原生生物界中的藻类

由于藻类具有叶绿素和细胞壁，可以进行光合作用，在旧分类系统中被归为植物界。但藻类没有真正的根、茎、叶等构造，繁殖方式也与植物不同，因此在新的生物分类

奇特的地衣

在粗糙树皮或裸露岩石上，常可发现看起来有点像菌类的地衣，其实它是共生在一起的菌类与藻类，其中共生藻类的种类以蓝绿藻和绿藻为主，菌类则多为子囊菌，少数为担子菌。在地衣中，菌类从藻类得到光合作用的产物，藻类则借着菌类的菌丝获取水分和无机盐，彼此互相依赖。据估计，全球的地衣种类约有18,000多种，它们所分泌的酸性物质能促进岩石分解成土壤。地衣有许多用途，可用来制作抗生素、测试酸碱性的石蕊试纸、衣物染料等，还可作为驯鹿的食物。由于它对空气污染十分敏感，也能作为空气污染与否的指标。

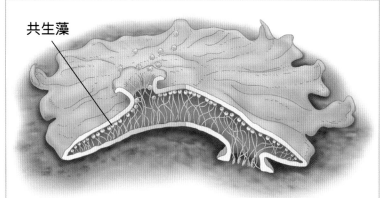

地衣的共生藻位于菌类上皮层的下方，进行无性生殖时，地衣会排出含有藻类和菌丝的粉芽。（插画/吴仪宽）

菌类王国

菌类是一群有细胞壁却不含叶绿素、构造比细菌复杂的生物，种类与形态繁多，种类超过60,000种，有小到肉眼看不到的酵母菌，也有直径长达1米的大型多孔菌。

菌类的生活

菌类缺乏叶绿素，无法进行光合作用来合成生长所需的养分，因此菌类靠腐生、寄生或共生来获取养分。大多数菌类属于腐生菌，能分泌酶，这些酶能将死亡的动植物或粪便等分解成小分子利用，因此腐生菌类和细菌都是生态系统中的分解者。

在枯倒的树木上，常可看到腐生的菌类，它们将木材分解为小分子，并从中获取营养。（摄影/巫红霏）

黏菌不是真菌

在温暖潮湿的腐木或枯枝落叶底下，常会发现一片薄薄的、有点黏稠、没有固定形状的东西，仔细观察，它还会缓缓地"爬"行，那便是"黏菌"。黏菌和菌类一样，不具有叶绿素，但它却不属于菌类，而是和藻类一样属于原生生物界。黏菌是一种同时具有动物和植物特征的生物，由一团含有很多细胞核的原生质构成，能像变形虫一样伸出伪足运动和摄食，却像低等植物一样以孢子来繁殖。黏菌对人类没有经济价值，有些寄生性的黏菌还会造成植物病害。

黏菌属于原生生物界，在变形体阶段可以像动物一样移动和摄食。（图片提供/达志影像）

寄生菌类寄生在动植物的身上，靠摄取寄主的养分为生，常引起动植物病害，如人类皮肤癣、植物的锈病等。19世纪中叶，菌类引起的咖啡锈病，使斯里兰卡地区的咖啡树大量死亡，因此英国人才在山坡地改种茶，斯里兰卡红茶从此兴盛。共生菌

扫描式显微镜下的菌丝。寄生性的菌类寄生在皮肤，会引发皮肤癣等疾病。（图片提供/达志影像）

类则与寄主互相依赖，如白蚁以鸡肉丝菇的菌丝为食，鸡肉丝菇则吸收白蚁的呕吐及排泄物。

自然界中约有90%的维管束植物的根，都有共生的菌根菌来帮助吸收水分和矿物质，美洲西北岸的云杉甚至要靠菌类才能生存；此外，大部分兰花种子也需要与菌类共生，才能顺利发芽。

菌丝是菌类的基本构造，多深入地下或动植物的组织中，分解和吸收营养。（图片提供/维基百科）

菌类的种类

除了酵母菌等单细胞菌类，其他菌类都是由菌丝构成的多细胞生物（菌丝体）。菌丝的形态有分枝或不分枝、有隔膜或没有隔膜等，它除了用来固着和吸收，还能进行无性或有性生殖，产生繁殖后代的孢子。

进行无性生殖时，突出的菌丝顶端会形成孢子囊，再进行有丝分裂产生孢子。进行有性生殖时，则是借不同型的菌丝或配子融合，再进行减数分裂产生孢子，有些还会形成明显的子实体（蕈伞）来传播孢子。

依有性生殖的方式，菌类可分为接合菌、子囊菌、担子菌和不完全菌等4类。在进化上，接合菌是较原始的菌类，子囊菌和担子菌则是较高等的菌类。

生长在阔叶树干上的灰树花，是一种大型多孔菌，重量可达45公斤，因此又称"菇中之王"。（图片提供/达志影像）

毒蝇伞的菌丝与云杉根部共生，形成菌根，因此云杉林中常见毒蝇伞。（图片提供/维基百科）

接合菌类

接合菌是一种原始的菌类，约有600种。接合菌的菌丝没有隔膜，有性生殖是由两种不同型的菌丝相互接合，形成接合子后，再进行减数分裂产生孢子，因而得名。大多数的接合菌类都是腐生菌，生活于土壤、腐败的植物或食物中，是生态系统中重要的分解者。

面包上的黑霉菌

吃不完的吐司放在桌上，在炎热潮湿的天气里，没多久就发霉了！再放一阵子，便会发现整个吐司上长满了黑色的菌斑，那便是俗称面包霉的黑霉菌。

黑霉菌是一种典型的接合菌类，以根状菌丝固着在面包上，葡匐菌丝则在面包上蔓延，并分泌酶

面包、水果及蔬菜等食物在高温潮湿的环境中，黑霉菌便会快速生长。（摄影/巫红霏）

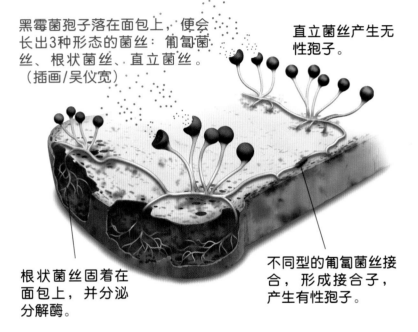

黑霉菌孢子落在面包上，便会长出3种形态的菌丝：葡匐菌丝、根状菌丝、直立菌丝。（插画/吴仪宽）

直立菌丝产生无性孢子。

根状菌丝固着在面包上，并分泌分解酶。

不同型的葡匐菌丝接合，形成接合子，产生有性孢子。

将面包分解成小分子。等时机成熟，便向上长出直立菌丝，并在顶端形成黑色球状的孢子囊，内藏许多孢子，当孢子囊受到外力刺激破裂后，囊内的孢子便随风到处散布，等落到适当的环境后，便萌发出菌丝，形成新的个体。黑霉菌也是常见的农作物病原菌，会造成草莓的运输病害及红薯的储藏病害等。

接合菌中的毛霉菌可能引起皮肤感染。（图片提供/CDC, Dr. Lucille K. Georg）

喜欢潮湿的霉菌，会在长有壁癌的墙上生长，它释放出的孢子易引起儿童哮喘和过敏。（摄影/萧淑美）

接合菌与人类生活

黑霉菌为了吸取养分，会将面包分解成淀粉，借此我们可以从它的菌落中提取淀粉，用在工业或食品业上，如增稠剂、黏合剂、分解性塑料、清洁剂等的制造原料。放射状毛霉菌是另一种分布广泛的接合菌类，常可在久置的豆腐、土壤或稻草杆中发现，它的菌落看起来像一团白毛，人们利用它来制造好吃的豆腐乳。米根霉是生长快速的接合菌，分布于谷类、豆类、面包和土壤中，

放射状毛霉菌将豆腐中的蛋白质分解，产生风味特殊的豆腐乳。（摄影/巫红霏）

是生产酒类、发酵酒精、酿造酱油的重要菌种，同时也能用于生产各种乳酸、柠檬酸、琥珀酸、草酸等有机酸，作为食品添加剂或工业制品的原料（如乳酸可用于制造黏合剂、塑化剂、染剂、酸化剂等；柠檬酸、草酸用于制造染剂、清洁剂、漂白剂；琥珀酸用于制造喷漆、染料、中和剂等）。

霉菌造成成熟的草莓腐烂，使农民蒙受严重的经济损失。（图片提供/维基百科）

晶莹剔透的水玉霉

在草食动物的粪便上，常可发现一种小巧可爱、晶莹剔透的接合菌类，那便是水玉霉。它最大的特色就是孢子囊柄顶端长着一个内含水分的囊泡，当孢子成熟时，囊泡就会破裂，将黑色的孢子囊"喷射"出去，黏附在附近的草叶上。孢子囊随着草叶被动物摄食，孢子再跟着粪便排出体外，立刻就能萌发、生长。囊泡的喷射力很强，据说最远可达2米！此外，囊泡内含有能感光的胡萝卜素，让孢子囊柄朝有光的地方弯曲，如此一来便能对准阳光下的草丛发射孢子，这样的繁殖方式是不是很奇妙呢？

水玉霉透明的菌丝顶端有含水的囊泡，可将黑色的孢子囊弹射出去。（图片提供/达志影像）

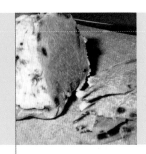

子囊菌类

全世界子囊菌种类超过25,000种，因有性生殖产生的孢子位于微小的囊状构造（子囊）而得名，常见的有酵母菌、麦角菌、白粉菌，以及出现在乳酪、果酱及果实上的某些霉菌。子囊菌的菌丝有隔膜，进行无性或有性生殖产生孢子，孢子在适当条件下能萌发成菌丝。部分子囊菌可形成大型子实体，内含大量的子囊；酵母菌由不同型的单细胞配子结合形成子囊，进行分裂和出芽生殖。

神奇的酵母菌

酵母菌是构造最简单的子囊菌，也是用途最广泛的菌类，自古以来人们便懂得利用它来进行发酵，制造各种面食和酿酒。发酵是指酵母菌在无氧的情况下，将糖转化成二氧化碳和酒精，同时让面团起泡变得蓬松，做出口感十足的面包、馒头，或是使果实、谷类变成香醇的酒。

在显微镜下，酵母菌看起来像一颗颗小圆球。当氧气充足时，它能借由细胞分裂的出芽生殖，快速地繁殖，因此常被当成生物科学实验的材料。

酵母菌吹气球

在无氧状态下，酵母菌会将糖转化成二氧化碳和酒精。因此，发酵过程中，二氧化碳气体能让气球慢慢膨胀起来。一起来看神奇的酵母菌变魔术吧！材料有酵母菌、糖、水、气球、玻璃瓶、胶带。（制作/巫红霏）

1. 将酵母菌和糖倒入玻璃瓶，加入半瓶水，并搅拌均匀。
2. 将气球套在瓶口，再用胶带将瓶口封住，以免气体泄露。
3. 将瓶子静置在温水里，此时瓶内水中有细小的气泡不断出现，水面也有一层气泡。约1个小时后，气球开始膨胀。

酵母菌是单细胞子囊菌，可借出芽生殖在短时间内快速繁殖。（图片提供/美国疾病防疫中心）

虫草菌属于麦角菌科，寄生在昆虫身上，导致寄主死亡。（图片提供/达志影像）

子囊菌与人类生活

除了应用广泛的酵母菌，中国人对其他子囊菌的利用也有千年的历史。红曲菌的菌丝体布满了红色的色素颗粒，可作为天然色素，还能酿造红糟、甜腐乳和红露酒等。近年来科学家还发现，红曲菌所产生的红曲色素有降低胆固醇的作用，使红曲菌摇身变成知名的健康食品。

蚂蚁、毛虫、蝶蛹等昆虫，被虫草属子囊菌（如麦角菌）孢子沾上后，孢子在虫体内或虫体外萌发形成菌丝体，其吸收虫体的营养生长，最后渐渐占据整个虫体使虫僵死；之后，虫体中冒出一根子实体。从冬季至初夏，

中国人从宋朝就有利用红曲烹调食物的记录，除了色泽鲜艳、风味独特，红曲色素还可降低血脂。（摄影/萧淑美）

它看起来像是一只僵死的虫，到了夏天却变成菌类，这便是著名的中药材"冬虫夏草"。有些子囊菌也会形成像薰伞般的子实体，通常有毒，但少数如羊肚菌是珍贵的食用菌。

羊肚菌是少数可食用的子囊菌，但不可生食以免中毒。（图片提供/维基百科，摄影/Smardz stoeko-waty）

腥红色的杯菌经常集体出现在朽木上。（插画/吴仪宽）

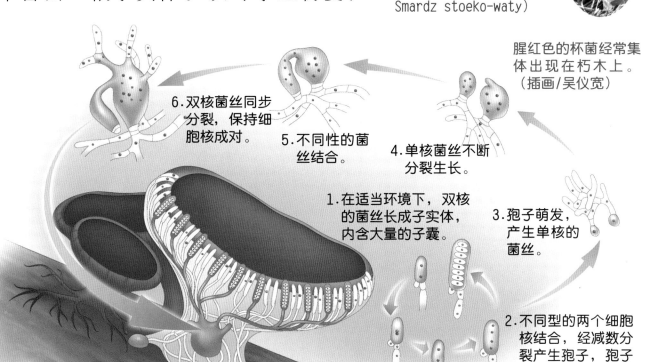

6. 双核菌丝同步分裂，保持细胞核成对。

5. 不同性的菌丝结合。

4. 单核菌丝不断分裂生长。

1. 在适当环境下，双核的菌丝长成子实体，内含大量的子囊。

3. 孢子萌发，产生单核的菌丝。

2. 不同型的两个细胞核结合，经减数分裂产生孢子，孢子位于子囊中。

担子菌类

担子菌类因有性生殖产生的孢子（担孢子）着生于担子柄上而得名。菌丝具有隔膜，菌丝体埋藏在地下，繁殖时菌丝聚集形成子实体，也就是我们常见的蕈菇。呈伞状构造的子实体，不仅能保护担孢子，同时还能形成特殊的气流，帮助担孢子传播。

形形色色的蕈菇

生活中常见的各种蕈菇，大多属于担子菌。全世界蕈菇的种类超过30,000种，它们的形态、颜色、大小变化多端，令人惊奇。其中，科学家在1992年于美国密歇根森林发现的蜜环菌，被视为世界上最大的活生物，它的菌丝体覆盖面积可达15公顷，以生长速度推测，其生长时间约为1,500年。

除了常见的食用蕈菇外，担子菌还有色彩鲜艳的毒蝇伞、会发光的口磨菇、让人产生幻觉的魔菇、会化成一滩黑墨的鬼伞、黄澄澄的鸡油菌、像缩小版鸟巢的鸟巢菌、像马粪的马勃，以及会发出恶臭的鬼笔等，都是别具特色的蕈菇。

20世纪初，德国生物学家赫克尔绘制的担子菌，由图中可看到各种不同造型的子实体。（图片提供/维基百科）

神秘的仙女环

仙女环是因土栖菌类生长特性形成的自然景观。（图片提供/达志影像）

在夏季的早晨，有时会发现草地上突然冒出一圈圈的野菇，人们传说这是仲夏夜里小仙女在草地上围成圆圈跳舞留下来的足迹，于是有了"仙女环"的称呼。其实，仙女环是许多土栖性腐生菇类的生长特性，原本它在地底下的菌丝不断由内向外生长，等到环境适合时，最外围、最具活力的菌丝便向上长出子实体，这时若空间够大，圆圈就会向外不断扩展，形成明显的环状，有时直径甚至可达数百米。

采集新鲜的子实体，将蕈伞倒扣在纸上一日，就能以孢子印观察孢子的颜色。（摄影/巫红霏）

全世界约有40种荧光菌，能发出绿色的荧光，科学家推测，发光是为了吸引传播孢子的动物。（图片提供/达志影像）

担子菌与人类生活

自古以来，蕈菇因美味和疗效而受到人们的喜爱；然而，误食毒菇或造成植物病害，也时有所闻。各种食用菇类中，洋菇的蛋白质含量最高，也是目前人工栽培最普遍的菇类。

近来研究发现，许多蕈菇同时具有护肝、降血脂与提升免疫力等功能，尤其是灵芝、茯苓、樟芝等传统中药材。于是菇类也成了生物科技、医药和保健食品的首选材料。

除了食用和药用外，在古老的玛雅文化中，菇类还被认为具有神奇的魔力，所以家门口常放置石雕的蕈伞，作为家里的守护神。早在公元前，地中海沿岸的人们就已利用彩色豆马勃来为布料染色，中国人则将它的孢子敷在伤口上以消肿、止血。

许多担子菌的子实体是人们爱吃的食物。（图片提供/欧新社）

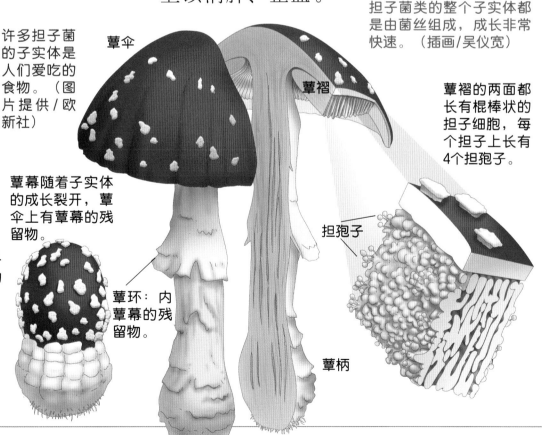

担子菌类的整个子实体都是由菌丝组成，成长非常快速。（插画/吴仪宽）

蕈伞

蕈褶

蕈褶的两面都长有棍棒状的担子细胞，每个担子上长有4个担孢子。

蕈幕随着子实体的成长裂开，蕈伞上有蕈幕的残留物。

担孢子

蕈环：内蕈幕的残留物。

蕈柄

刚冒出土壤时，蕈幕包裹整个子实体，以保护幼嫩的构造。

不完全菌类

在菌类的世界中，有一些难以分类的物种，共约15,000种，科学家没有发现它们有性生殖的世代，只发现它们的无性孢子，因此称为不完全菌类。常见的有青霉菌、曲菌、皮肤癣菌等，其中皮肤癣菌便是造成足癣或灰指甲等皮肤病变的元凶。

常见的青霉菌

将橘子放在潮湿的环境中，一段时间后，表面便开始长满了灰绿色的霉菌，它便是著名的青霉菌。青霉菌的无性孢子成串地长在菌丝顶端，从显微镜下看，就像是一支可爱的小扫帚。它的分布很广，无论是在谷类、蔬果上，还是在皮革、浴室、家具上，都能发现它的菌落。

虽然青霉菌会引起各种农作物

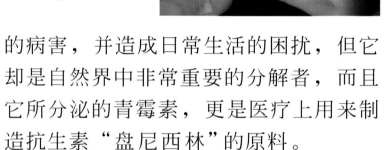

足癣是脚趾受到皮肤癣菌感染引起。（图片提供/ CDC, Dr. Lucille K. Georg）

的病害，并造成日常生活的困扰，但它却是自然界中非常重要的分解者，而且它所分泌的青霉素，更是医疗上用来制造抗生素"盘尼西林"的原料。

不完全菌类与人类生活

除了能用来制造抗生素，青霉菌也被应用在食品加工上。在欧洲地区制作

青霉菌的菌丝有隔膜，无性孢子呈串状排列，着生于孢子梗上。（图片提供/CDC, Dr. Lucille K. Georg）

酱油酿造时，以米曲霉菌使豆类或谷类发酵，产生酱汁，最后再将汁液过滤杀菌。（图片提供/欧新社）

乳酪时，常在后熟步骤中加入各种不同的青霉菌，以制成风味独特的乳酪，如将蓝纹乳酪切开，就可以看见里面蓝绿色有如大理石花纹的霉菌斑点，白霉乳酪的表面则常附有一层白霉。

曲霉菌是另一种不完全菌类，也是发酵工业上重要的菌种，如米曲霉菌可用来酿造酱油、味噌、豆瓣酱、酒类；黑曲霉菌可用来提炼柠檬酸，添加于各种果汁、甜点或糖果中，以产生酸味；而黄曲霉菌生长在储存的玉米、花生或黄豆上，它所产生的黄曲霉素，会破坏人畜的肝脏，是可怕的菌类毒素。

花生久置或储存的环境不良，就可能有黄曲霉菌生长，产生致癌的黄曲霉素。（摄影/萧淑美）

显微镜下的灰霉菌类无性孢子。灰霉常生长在植物身上，造成花、果实、植株的病害。（图片提供/CDC, Dr. Lucille K. Georg）

弗莱明发现抗生素

抗生素的发现是20世纪人类最重大的成就之一，第一种被商业化生产的抗生素叫作青霉素（又称盘尼西林），是英国微生物学家亚历山大·弗莱明首先发现的。1928年，弗莱明在实验室里注意到一个放置多天的细菌培养基被一种绿色霉菌污染，并且在霉菌菌落的四周形成一个没有细菌生长的抑制圈。经过进一步的分析，弗莱明发现这些霉菌分泌的青霉素具有杀菌功能。青霉素奇迹的杀菌作用，使人类医疗向前跨进了一大步，而弗莱明也因此获得了1945年诺贝尔医学奖。

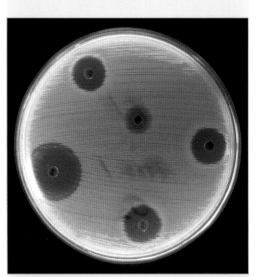

青霉素能抑制细菌的细胞壁合成，因此可制成治疗细菌性疾病的抗生素。（图片提供/维基百科）

单元 7

藻类王国

藻类是一群具有叶绿素、构造简单的生物。目前，全世界已订定的藻类有30,000多种，不论是海水、淡水、土壤、石块、树皮表面，甚至温泉或雪地，都能发现它们的踪迹。藻类没有真正的根、茎、叶，体型大小和形态差异很大，有的个体小到需要显微镜才能看见，有的则长达数十米；形态则有单细胞藻、多细胞群体、丝状、链状、片状等。

藻类的生活

藻类具有叶绿素，可以像植物一样进行光合作用获取养分，是一种自养生物。藻类分布广泛，但以水中的藻类数量最丰富，是生态系统中重要的生产者，几十亿年来，它们进行光合作用产生的氧气，就占了地球供氧量的50%。

除了自养，藻类也会与其他生物共生。例如地衣是藻类和菌类的共生体，水生蕨类满江红的叶内有念珠藻共生，海中的砗磲贝、珊瑚体内也有共生藻。

为了增加生活空间，藻类会附生在动物身上。图中的海龟体表布满附生的绿藻。（图片提供/达志影像）

少数藻类还会附生在树枝和动物上，如绿毛龟背上和绿吼猴皮毛中的绿藻。

团藻是群体型的绿藻，一个大型团藻直径约1毫米，约有500个绿藻细胞。（图片提供/达志影像）

藻类的分布

每一种藻类因细胞内色素的种类与比例不同，而有特定的生长地带，这是因为不同的色素会吸收不同波长的光。藻红素与藻蓝素能吸收波长短、穿透力强的蓝光和绿光，因此在阴暗的地区或深海中，较适合红藻或蓝绿藻生长；至于含叶绿素和胡萝卜素较多的绿藻，因吸收波长较长的红、橙、黄光，只能生存在陆地或较浅的水域中。这种现象在海边的垂直分布上最为明显，绿藻多分布于潮间带上部，褐藻以潮间带中间居多，而红藻则多在低潮线附近和较深处。

形形色色的藻类

藻类的种类繁多，生物学家依据藻体内所含的光合色素不同，把藻类大致分成蓝绿藻、绿藻、金黄藻、褐藻、裸藻、红藻等，其中蓝绿藻的分布最广，金黄藻的种类和数量最多。

藻类可借由一分为二的细胞分裂或产生孢子，进行无性生殖；也可以由雌雄配子结合，进行有性生殖，繁衍下一代。在一些多细胞藻类的生活史中，无性生殖和有性生殖会交替发生，也就是所谓的世代交替，这与蕨类植物生活史相似。

藻类的分类

类别	色素	形态	分布
蓝绿藻	叶绿素 a、藻蓝素、藻红素、β-胡萝卜素、叶黄素	单细胞群体	大多分布在淡水中（75%），少数海产
绿藻	叶绿素 a、b，α、β-胡萝卜素、叶黄素	单细胞群体或多细胞	分布广，淡水、海水中皆有
褐藻	叶绿素 a、c，藻褐素，β-胡萝卜素，叶黄素	多细胞	主要分布在海水中
红藻	叶绿素 a、d，藻红素，藻蓝素，α、β-胡萝卜素	多细胞	主要分布在海水中
金黄藻	叶绿素 a、c，α、β-胡萝卜素，叶黄素	大多为单细胞	淡水、海水中皆有
裸藻	叶绿素 a、b，胡萝卜素，叶黄素	单细胞	淡水、海水中皆有
甲藻	叶绿素 a、c，β-胡萝卜素，叶黄素	单细胞	淡水、海水中皆有
轮藻	叶绿素 a、b，α、β、γ-胡萝卜素，叶黄素	单细胞	淡水、海水中皆有
隐藻	叶绿素 a、c，α、β、ε-胡萝卜素，叶黄素，藻胆素	单细胞	主要分布在淡水中

藻类的色素是重要的分类依据，图中的头发菜是一种红藻，其中的藻红素比例较高。
（摄影/黄淑芳）

浮游性微藻

礁膜（绿藻）

石莼（绿藻）

松藻（绿藻）

小海带（褐藻）

刚毛藻（绿藻）

藻类在海中的分布与海水深度有关。
（插画/刘上瑞）

珊瑚藻（红藻）

凹顶藻（红藻）

褐舌藻（褐藻）

马尾藻（褐藻）

石花菜（红藻）

海木耳（红藻）

球松藻（绿藻）

沙菜（红藻）

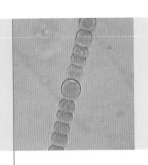

蓝绿藻类

全世界约有1,500多种蓝绿藻，常见的有蓝鼓藻、棋盘藻、微胞藻、颤藻、葛仙米藻、念珠藻、鱼腥藻等。在所有的藻类中，蓝绿藻是最原始、构造也最简单的一群，它没有细胞核和其他的细胞器，所以蓝绿藻虽然是藻类，在分类上却属于原核生物。

古老的蓝绿藻

早在35亿年前，蓝绿藻便存在于地球上，是最古老的生物之一。大多数的蓝绿藻呈蓝绿色，这是因为细胞内叶绿素和藻蓝素含量较多。尽管如此，随着环境的光线或光合作用等生理反应，蓝绿藻也会呈现出红、黄、绿、褐、黑等不同的颜色，这表示含有多种光合色素的蓝绿藻，能更

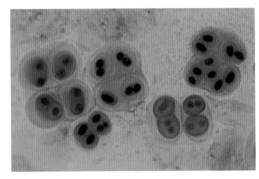

蓝鼓藻是一种单细胞蓝绿藻，只靠细胞分裂来繁殖。（图片提供/达志影像）

有效地利用环境中各种不同波长的光源。

大部分蓝绿藻的藻体，都有一层黏滑的胶质鞘保护，让蓝绿藻能在高温、冰冻、缺氧、干旱、高盐等不良的环境中生长，因此蓝绿藻分布广泛，也是最耐高温的藻类。蓝绿藻主要借细胞分裂来繁殖，但有些种类如念珠藻、颤藻等丝状蓝绿藻，可形成厚壁孢子

海雹菜是少数可食用的大型蓝绿藻，藻体富含黏液。（摄影/黄淑芳）

红海上大片红色海水就是蓝绿藻藻华引起的。（图片提供/达志影像）

或异型细胞。厚壁孢子能储存养分或萌发长成新个体，异型细胞则具有固氮的功能。

细胞膜　胶质鞘　核质　光合色素层　（插画/张文采）　多角体　DNA片段

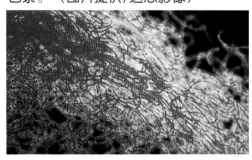

左图：蓝绿藻的细胞没有细胞器，色素分布在细胞外侧，外面还有胶质鞘保护。

蓝绿藻的藻体含有多种色素，可随环境呈不同颜色，图中可见明显的红色色素。（图片提供/达志影像）

蓝绿藻与人类生活

科学家发现，在有机物质丰富的水域中，蓝绿藻的含量也较高，因此有些蓝绿藻被当做水质污染的指标生物。在夏季水温升高时，蓝绿藻常大量繁殖形成"藻华"现象。位于非洲和阿拉伯半岛间的红海，高温、高盐的环境正适合蓝绿藻生长，因此海中经常充满一种红色的蓝绿藻，有时范围可达数百公里。

有些蓝绿藻具有能进行固氮作用的异型细胞，因此被当做天然的生物肥料，例如中国科学家曾在水田繁殖鱼腥藻，使水稻的产量增加，有人便将这种取之不尽、用之不竭的蓝绿藻称为"万年肥"。另外，有些蓝绿藻如微胞藻、念珠藻、颤藻等，则含有有毒的植物碱，会破坏人体肝脏和中枢神经的功能。

天然肥料

蓝绿藻的种类很多，其中具有固氮能力的约有100多种。和豆科植物根部的根瘤菌一样，固氮蓝绿藻也能吸收空气中游离的氮气，再转化成含氮的化合物，如亚硝酸盐和硝酸盐等。当蓝绿藻死亡被分解后，释放出来的含氮化合物就成为供植物吸收的养分。因此，若能使固氮蓝绿藻在土壤里大量繁殖，就好像在土壤里盖了一座天然的氮肥工厂，能维持土壤的肥力。据估计，地球上所有固氮蓝绿藻每年从空气中固定的氮气多达1,000多万吨，在生态系统中扮演着重要的角色。

地木耳是可食用的蓝绿藻，属于念珠藻科，丝状藻体内含有可进行固氮作用的异型细胞。（图片提供/达志影像）

绿藻

全世界约有6,000多种绿藻，常见的有单胞藻、团藻、绿球藻、新月藻、星盘藻、水绵、石莼等。绿藻含有丰富的叶绿素，因而多呈鲜绿色，由于它所含的叶绿素a和b的比例与高等植物相同，而且光合作用的产物是淀粉，细胞壁成分也是纤维素，因此一般认为植物是从绿藻进化而来的。

形态丰富的绿藻

绿藻多分布于日光充足的淡水水域，或海岸潮间带的礁岩上；少数如单胞藻，还可生长在冰雪上。当大量繁殖时，由于藻体内除叶绿素外，还有胡萝卜素、叶黄素等色素，因此常在雪地上形成绿、黄、褐、红等五颜六色的"彩色雪"奇景。

绿藻的种类众多，不仅形态多样，细胞内的叶绿

岩石上常见的礁膜、浒苔和石莼都属于绿藻，可作为海苔片的原料。（摄影/黄淑芳）

水绵具有螺旋形的叶绿体。绿藻叶绿体的构造、形态、数量和位置是分类依据之一。（摄影/黄淑芳）

体也有杯状、网状、星状、板状、环带状、螺旋状等不同的形状，是分类时的重要依据。绿藻可进行无性的分裂繁殖，以及有性的配子结合繁殖，石莼等大型的绿藻，生活史有明显的世代交替。

绿藻与人类生活

绿藻不仅是水域生态系统中重要的生产者，对人类来说，也是极具营养价值的食物来源。例如绿球藻含有丰富的蛋白质，很早便被用来制成绿藻片或绿藻精

等健康食品，同时也被视为未来最佳的太空食物；生长在海边的礁膜、石莼是制造海苔片、海苔酱的原料。1976年联合国粮食组织（FAO）的报告指出，全世界可作为食品、饲料和肥料的海藻中，海产绿藻就有35种。

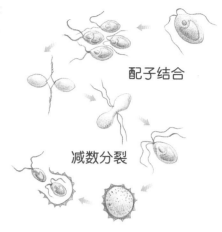

单胞藻的生活史没有世代交替，有性生殖是配子结合，直接减数分裂。（插画/张文采）

绿色血细胞——绿球藻

绿球藻是单细胞绿藻，常见于淡水，单生或聚集成群生长，群体内细胞大小约2—8微米，必须在高倍的显微镜下才看得见。由于它与人体的红细胞体积相似，因此又有"绿色血细胞"的称呼。绿球藻含有丰富的叶绿素，在阳光与养分充足的环境下能快速繁殖，加上富含蛋白质（占干重的50%左右），因此是植物性蛋白质的良好来源，世界卫生组织称它为"21世纪最佳食品"。

除了食用，松藻和伞藻可制成驱蛔虫的药剂，石莼可用来消除水肿，浒苔可用来解热镇痛等；另外，含石灰质的绿藻还有协助造礁和造岩的功能。然而，日常生活中，绿藻大量繁殖也常造成水质恶化、自来水滤网阻塞等问题。

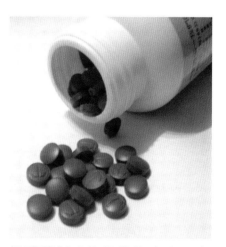

绿球藻制成的绿藻片富含蛋白质，是日本人喜爱的保健食品，近来也受到世界各国的重视。（摄影/巫红霏）

鼓藻是一种单细胞绿藻，细胞中间凹陷，可从中断裂，长成两个新的个体。（图片提供/达志影像）

绿球藻是1890年荷兰生物学家拜耶林克所发现；它的光合作用效率很高，生长迅速。（图片提供/达志影像）

褐藻

褐藻是生活于海洋中的多细胞藻类，含较多的藻褐素，因此多呈褐色。全世界的褐藻约1,500多种，常见的有海带、裙带菜、马尾藻、喇叭藻、石衣藻等。

海洋牧草

除少数为简单的丝状体，大部分的褐藻都具有类似植物根、茎、叶等构造的分化，有的还具有

昆布酱油是由褐藻萃取出来的汁液制成，口味较清淡，可作为蘸酱或面食的汤头。（摄影/萧淑美）

气囊构造（如大叶囊藻、马尾藻），可以帮助藻体漂浮在海面上，褐藻的体形普遍较为粗大，有的甚至可长到数十米。

褐藻多生长在海边潮间带中段的地区，尤喜较寒冷的海域，借着类似根的"固着器"构造附着在礁岩上，常群聚生长形成海洋森林或藻海，吸引大批的海洋生物汇集。褐藻可借具有鞭毛的游孢子，或有性的配子结合来繁殖，生活史具有明显的世代交替。

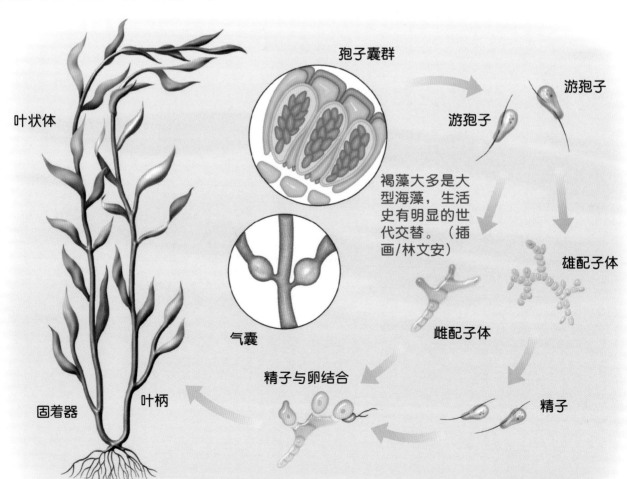

叶状体

孢子囊群

游孢子

游孢子

褐藻大多是大型海藻，生活史有明显的世代交替。（插画/林文安）

雄配子体

气囊

雌配子体

精子与卵结合

精子

固着器　叶柄

裙带菜又称为海带芽，营养成分和海带相似，但口感细嫩，可用盐腌渍或直接蘸酱吃。（摄影/黄淑芳）

褐藻与人类生活

褐藻是极有经济价值的海藻，如海带、裙带菜、小海带等，富含无机盐类和矿物质，是生活中美味又营养的副食品；褐藻的细胞壁富含浓稠的藻胶，所以也常用作食品添加剂，或是用于纺织、橡胶等工业。

有些褐藻具有医药用途，如中国古代医书

褐藻常聚集成林，是海中生物的重要食物。其中马尾藻在夏季大量生长，形成马尾藻海，球形的气囊（左）让它能在海面漂浮。（摄影/黄淑芳）

最长的海藻

大叶囊藻是世界上生长速度最快、体形最长的海藻，素有"海中红木"的称呼，据估计从微小的孢子开始，平均每天可成长50—60厘米，最高可长达60米。大叶囊藻主要生长在阳光充足、水流适当以及海水温度在15℃左右的温带海域中，和普通海带一样，具有固着器、叶柄和扁平呈带状的叶状体等构造，基部的固着器可以附着在海底岩石上，以抵抗强劲的水流。大叶囊藻聚集生长所形成的海藻林，是具有丰富多样的海洋生态系统。近来科学家也利用含油量高的大叶囊藻来制造生质能源，据估计400平方公里的巨型海带，发酵后所产生的天然气，可供5万人口的城市使用1年之久。

巨型海带又称大叶囊藻，生长在温带寒冷的海域，可形成大片的海底森林。（图片提供/达志影像）

《本草纲目》记载，海带具有治疗甲状腺肿、水肿及利尿等功用。近来研究发现，海带中的褐藻酸钠盐，有预防白血病和骨痛的作用，也能抑制出血；工业上则用海带提取钾盐和甘露醇，作为医药用品或制酒时的澄清剂。现代医学研究也证明，有些褐藻的确有降血压和抗癌的功效，此外，褐藻胶还可制成抗凝剂、止血剂、止血纱布等。

红藻

红藻大多生活在海洋中，是多细胞藻类，具有和蓝绿藻相似的色素，但因含有较多的藻红素而多呈紫红或鲜红色。全世界约有3,000多种红藻，常见的有紫菜、石花菜、龙须菜、角叉菜、麒麟菜、珊瑚藻等。

深海红藻

由于红藻具有藻红素，能够吸收叶绿素无法吸收的青绿光，所以可生长在较深的海域中，有时在水深100米的海底仍可找到它。

红藻分布广泛，但在种类和数量上，温带和热带地区较寒带多。红藻大多为多细胞个体，而且具有树枝状、膜状、叶状、丝状等多种形态，是藻类中形态分化较精致的一群。

大部分的红藻具有固着器，可附

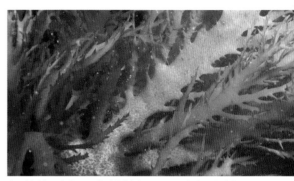

红藻的形态分化较精细，可生长在较深海的区域。图为红海膜分枝状的藻体。（摄影/黄淑芳）

着在岩礁上。红藻的生活史大多具有明显的世代交替，但是孢子没有鞭毛，不能自由游动；有性生殖则是借卵子和精子结合，形成果孢子体。

红藻和人类生活

红藻和褐藻一样，也是一类极具有经济价值的海藻。除了供食用，因红藻细胞壁普遍含有丰富果胶及黏多糖类，因此可用来提炼琼脂及红藻胶，

爱尔兰角叉菜是北美和欧洲沿岸常见的红藻，退潮时会露出海面，角叉菜胶有保湿、润肤的功效。（图片提供/达志影像）

供各种食品或工业用途。

由石花菜和龙须菜等红藻提炼出的琼脂，可供食用，也可作为实验室里培养基的材料；角叉菜提炼出来的藻胶，能作为明胶的替代品，用于布丁、牙膏、冰淇淋等食品的制造；此外，各种红藻胶也可作为乳化剂、安定剂、黏合剂、化妆品、洗发精等原料。有些红藻可自海水中吸收钙质，在藻体内

龙须菜科的红藻是抽取琼脂的原料。琼脂可用在食品上，直接做成琼脂冻、果冻，也可以作为微生物培养基。（摄影/黄淑芳）

珊瑚藻礁

叶状叉节藻是一种钙化藻，除了造礁之外，还能帮助改善土壤酸碱度。（摄影/黄淑芳）

珊瑚藻是红藻的一种，因细胞壁含有较多的钙质，而且外形和珊瑚相似，因此一度被误认为是珊瑚。在热带或亚热带的海域，珊瑚藻可与珊瑚共同建造珊瑚礁，特别是皮壳状的珊瑚藻，在南沙群岛到西沙群岛，以及马绍尔群岛到所罗门群岛间，形成壮观的"海藻脊"。珊瑚藻死亡后，会留下钙化藻体，经过漫长的地质年代而形成化石，在生物学和地质学上很有研究价值；而珊瑚藻沉积所形成的碳酸盐岩，是石油生成和储存的良好岩相，因此也有助于科学家勘探蕴藏在海底的石油资源。

沉淀碳酸钙，对海洋造礁颇具贡献。

近来的流行食品"寒天"其实就是一种琼脂，只是选择的红藻是生长在寒冷海域的石花菜，由于藻胶及纤维素含量高，成为了继蒟蒻之后新兴的减肥良方。

市面上贩卖的牙膏、洗发精、化妆品等，其中常添加有由红藻提炼出来的藻胶。（摄影/巫红霏）

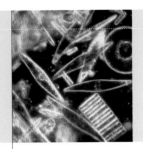

其他微藻

微藻是肉眼看不见的单细胞藻类，除了某些绿藻，还包括各种金黄藻、甲藻、裸藻、轮藻和隐藻。

金黄藻

金黄藻是种类和数量最丰富的藻类，因体内含有较多的胡萝卜素和叶黄素，使藻体呈金黄色而得名，其中种类和数量最多的是硅藻，全世界约有16,000种。

硅藻为单细胞藻类，由上下壳盖组合而成，壳盖上的硅质化花纹是它主要的分类依据。硅藻没有鞭毛，只能靠着细胞原生质回流缓慢滑动，它的繁殖方式有通过配子结合产生孢子的有性生殖，以及细胞分裂的无性生殖。

硅藻是世界上数量最多的浮游生物，许多水生

扫描式电子显微镜下的矽藻，可见上下壳盖嵌合成的细胞壁，以及复杂的硅质化花纹。（图片提供/达志影像）

动物尤其是浮游动物都以它为主食，因此硅藻的分布和数量，往往会影响一个地区的渔产。硅藻藻体沉积形成的硅藻土，可用来制造石英、硅胶膜、火药、油漆、牙粉等。

甲藻和裸藻

甲藻和裸藻除了能进行光合作用外，还会摄食有机物进行异养生活，加上藻体具有鞭毛，能像动物一样自由游动，是兼具动、植物特征的藻类。

甲藻为单细胞藻类，全世界约有

在珊瑚体内有许多共生藻，它们是属于涡鞭毛藻，除了提供珊瑚体色，也会进行光合作用，供给珊瑚成长所需的养分。

1,000多种，因具有两根鞭毛，又称"双鞭毛藻"。当它的鞭毛活动时，藻体进行回旋运动，因此又有"涡鞭毛藻"的称呼。

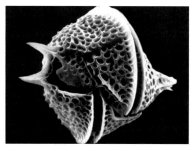

甲藻因细胞壁有较厚的纤维质壳片而得名，壳上的横沟和纵沟各长有一根鞭毛。（图片提供/达志影像）

甲藻的繁殖以无性生殖为主，进行细胞纵向分裂，或产生游走孢子囊。甲藻大多为海生，是鱼、贝类的重要食物来源之一，少数会寄生在鱼体内，或与腔肠、软体动物共生。

裸藻有明显的眼点和鞭毛，可自由游动，因此又称为"游藻"或"眼虫"，全世界约有800多种，通常以细胞纵向分裂来繁殖。裸藻大多生活于淡水中，尤其是在富含有机质的湖泊、水田和池塘中。

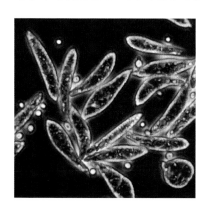

眼虫同时拥有动物和植物特征，不具细胞壁、会摄食、有鞭毛眼点等为动物特征，有叶绿体则为植物特征。（图片提供/达志影像）

其他浮游性藻类

轮藻和隐藻是种类和数量较少的浮游性单细胞藻类，多见于淡水。对人类来说，轮藻和隐藻多无经济价值，而且隐藻还是造成水库藻华现象的藻类之

微藻和大型藻

生活在海洋中的藻类，依据大小可分为微藻类和大型藻类两类。微藻的种类和数量都很多，是浮游动物主要的食物来源。微藻多在水中浮游，同时也是水中的生产者，因此又被称为"浮游植物"。有些微藻具有鞭毛，可以在水中游动；有些则不具游泳能力，但能随水漂移，如绿藻、矽藻和甲藻等。大型藻类一般着生于潮间带及亚潮带的岩礁上，是构造较复杂的多细胞藻类，包括少部分的绿藻，以及大部分的褐藻和红藻种类。

海中的浮游生物包含各种微藻和浮游动物，许多巨大的鲸类便以滤食浮游生物为食。（图片提供/达志影像）

一，轮藻则是用来研究细胞质流动的好材料。

菌类的应用发展

　　1928年，青霉素的发现不仅拯救了许多病人的生命，同时也开启了菌类生物科技研究的大门。至今，结合基因工程技术，培养生长快速的菌类，并应用于农业、医药、食品工业上，已形成一股新趋势。

生物肥料与农药

　　为减少化学肥料和农药对环境的影响，科学家积极开发天然的生物肥料与农药，其中又以内生菌根菌最受重视。

　　菌根菌是常见的根部共生菌类，依共生方式可分成内生、外生及内外生3类，其中内生菌根菌出现在植物的根部。与内生菌根菌共生的农作物通常发育良好，因此科学家将它当成生物肥料，添加在土壤或栽培基质中。另一方面，木霉菌等可以抑制植物病原菌生长，而黑僵菌、白僵菌等则会寄生在害虫体内，使虫僵死，近年来也被应用在病虫害的防治上。

在农业上，菌类可用来制造生物肥料和生物农药，以减轻环境的负担。（图片提供/达志影像）

冬虫夏草是珍贵的传统中药材，根据现代科学研究，其中确实含有许多有益健康的成分。（摄影/傅金福）

以菌根菌为肥料，可以让植物的根部更健康。（图片提供/达志影像）

珍贵的外生菌根菌

有些野生的担子菌或子囊菌，菌丝会侵入树木的根部，在根部细胞的间隙中生长，以吸收树木的养分为生，却不会影响树木的生长，甚至能帮助树根吸收水分和养分，并保护树根，抵抗其他病原菌的入侵。这种与树木根部形成互利共生关系的菌类，称为"外生菌根菌"。受到感染的根部称为"菌根"，往往因布满菌丝变得肥大而呈瘤状或掌状。许多珍贵食用菇，如松露菌、松茸、鸡油菌、牛肝菌、羊肚菌或黑块菇等，都是外生菌根菌，因风味独特、营养丰富，而且无法人工栽培而显得特别珍贵，是未来菌类栽培产业极具潜力的发展方向。

松茸是世界上珍稀名贵的菇类，必须和松树共生，无法人工栽培。（图片提供/达志影像）

菌类发酵工业

发酵产品是指物质经由微生物的生理代谢作用，产生变化后制成的产品，如糖经酵母菌的发酵作用转化成酒精，可制成各种酒品。

菌类产生的各种代谢产物，如抗生素、有机酸、氨基酸、维生素、生物碱、酶等，都具有极高的经济价值，尤其是传统上被认为有疗效的菌类，如红曲菌、灵芝、茯苓、冬虫夏草、巴西蘑菇等，近年来更被开发成保健食品。另外，菌类的代谢产物也是药物的重要来源，如牛樟芝具有抗发炎的樟菇酸A、B、C及K。

除了青霉菌外，许多菌类也可以用来提炼抗生素，对人类健康有很大的贡献。（图片提供/达志影像）

利用不同的曲霉菌可以酿造不同风味的酒，日本清酒是米和米曲酿造，而绍兴黄酒则多添加了麦曲。（图片提供/欧新社）

藻类的应用发展

藻类的生活史短、容易培养，加上细胞构造与高等植物相似，因此一直是研究植物生化反应和生理机制的最好材料。1931年获得诺贝尔奖的德国生物学家瓦尔堡博士，便是第一位以绿藻进行研究的学者；而另一个美国生物学家卡尔文，也以绿藻研究植物光合作用机制而获得诺贝尔奖。

农业的新应用

人们早已知道蓝绿藻具有固氮能力，可以增加土壤的肥力，目前科学家开始研究蓝绿藻固氮的机制，并计划利用遗传工程，将蓝绿藻的固氮基因转殖到经济作物中，如果成功，那么未来作物就能自己吸收空气中游离的

藻类构造简单、繁殖迅速、培养容易，是进行各种生化研究最好的材料。（图片提供/达志影像）

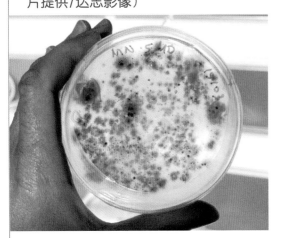

藻类是许多贝类的食物，因此在水产养殖业中扮演着重要的角色。（图片提供/达志影像）

衣藻是一种单细胞绿藻，广泛用于农业、制氢、医学研究。近来还有科学家以衣藻为原料，研究绿藻细胞的体积调控。（图片提供/达志影像）

氮，而不再需要依赖施肥。

近年来，富含蛋白质、维生素和矿物质的各种藻类，如绿球藻、龙须菜等，也被用来制成水产养殖的饲料，或作为家畜饲料的添加物，对增加渔产和家畜健康很有贡献。

绿球藻可以快速繁殖，是植物性蛋白质的良好来源。它含多种维生素、矿物质，可活化细胞、增强免疫力。（图片提供/达志影像）

利用藻类产生氢气，再燃烧氢气发电，由于没有废弃物，因此是"生物质能源"的研发方向。（图片提供/达志影像）

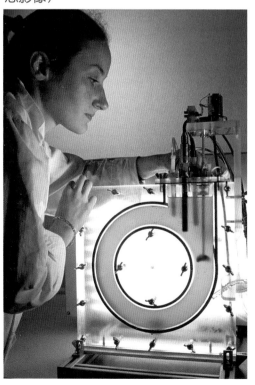

固定化微藻的应用

尽管藻类是造成许多水污染的罪魁祸首，但它却可以应用于废水处理，因为藻类能消耗污染水质的无机物质，去除水中的硝酸盐、硫酸盐、DDT或重金属等，有净化水质的功效。

然而，利用藻类去除水中污染物之后，人们还要面对去除藻类的问题。于是近年来科学家研究出固定化微藻的技术，利用褐藻胶粒将微藻包埋起来，这样可避免微藻被水流冲走，或被草食性生物吃掉，当要移除藻类时，也只要将内含褐藻胶粒的袋子拿走即可。

再生新能源

有些微藻在阳光充足的条件下，加上某些酶的作用，就能将水转化成氢气和氧气，当氧气被消耗殆尽后，最后留下来的纯氢气，便能用来取代煤和石油，成为较无污染的新能源。此外，通过藻类与细菌共同的发酵作用，能将糖类转化成甲烷和二氧化碳，其中的甲烷也能作为一种新能源。

由此可知，利用藻类来生产氢气或甲烷，将是藻类继食用和药用后，另一项具前瞻性和发展潜力的用途，如此不但可以减轻能源枯竭的压力，而且氢气在燃烧后，不会产生二氧化碳，可以缓和地球的温室效应问题。

英语关键词

原核生物	prokaryote	子实体	sporocarp
真核生物	eukaryote	孢子	spore
原生生物界	protista	担子	basidium
单细胞生物	protist	菌落	mode
多细胞生物	multicellular organism	菌丝	hypha
菌类	fungi	藻类	algae
接合菌	Zygomycota; zygote fungi	藻华	algal blooms
子囊菌	Ascomycota; sac fungi	红潮	red tide
担子菌	Basidiomycota	蓝绿藻	blue-green algae
不完全菌	Deuteromycota; imperfect fungi	绿藻	green algae
		褐藻	brown algae
酵母菌	yeasts	金黄藻	golden-brown algae
黑面包霉	black bread mold	红藻	red algae
青霉菌	penicillium	甲藻	dinoflagellate
蕈菇	mushroom	裸藻	euglenoid
		团藻	volvox
蘑菇	button mushroom	水绵	spirogyra

硅藻　diatom

硅藻土　diatomaceous earth

海带　kelp

紫菜　laver

海藻　ocean algae; seaweeds

微藻　micro algae

色素　pigment

叶绿素　chlorophyll

胡萝卜素　carotenoid

叶黄素　xanthophyll

藻红素　phycoerythrin

藻青素　phycocyanin

纤维素　cellulose

细胞壁　cell wall

鞭毛　flagellum

自养生物　holophyte

异养生物　heterotroph

腐生　saprophytic

寄生　parasitism

共生　symbiosis

无性繁殖　agamogenesis

有性繁殖　sexual propagation

出芽生殖　budding

内生菌根菌　endomycorrhiza fungi

外生菌根菌　ectomycorrhiza fungi

生物肥料　biofertilizer

生物农药　biopesticide

生物技术　biotechnology

发酵　fermentation

抗生素　antibiotic

黏菌　myxomycetes; slime mold

地衣　lichens

新视野学习单

1 下列哪些是菌类的特征？是的打○，
  不是的打×。
  （　）具有细胞壁。
  （　）主要由菌丝构成。
  （　）具有叶绿素。
  （　）进行自养生活。
  （　）以种子繁殖。
  　　　　　　（答案在第06—09页）

2 连连看：下面的菌类各属于菌物界中
  的哪一门？

  金针菇 ·　　　　　　· 接合菌
  黑霉菌 ·　　　　　　· 子囊菌
  青霉菌 ·　　　　　　· 担子菌
  羊肚菌 ·　　　　　　· 不完全菌
  　　　　　　（答案在第10—17页）

3 是非题。对的打○，错的打×。
  （　）黑霉菌可用来提取淀粉。
  （　）青霉菌可用来制造抗生素。
  （　）酵母菌可以用来发酵豆类，制造
  　　　酱油。
  （　）红曲菌可以提炼天然色素。
  （　）巴西磨菇是一种迷幻毒菇，吃了

会让人产生幻觉。
　　　　　　（答案在第10—17页）

4 拿一颗新鲜的香菇或洋菇，纵切成
  两半，指出蕈伞、蕈柄、蕈褶各位
  于哪里？

　　　　　　（答案在第14—15页）

5 下列哪些是藻类的特征？是的打○，
  不是的打×。
  （　）具有细胞壁。
  （　）具有根、茎、叶。
  （　）具有叶绿素。
  （　）进行自养生活。
  （　）全部以孢子繁殖。
  　　　　　　（答案在第18—19页）

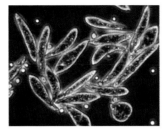

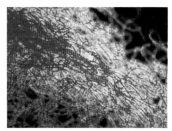

6 是非题。是的打○，不是的打×。

（　）绿藻只含有叶绿素，因此都呈鲜
　　　绿色。

（　）褐藻因含有较多藻褐素，因此多
　　　呈褐色。

（　）红藻因含有较多藻红素，因此多
　　　呈紫红或鲜红色。

（　）蓝绿藻含有藻蓝素等各种色素，
　　　颜色变化很大。

（　）金黄藻因含有较多藻黄素，因此
　　　呈金黄色。
　　　　　　　　　（答案在第18—19页）

7 连连看：下面的藻类分属于那一门。

念珠藻·　　　　　·金黄藻门

海带·　　　　　·红藻门

紫菜·　　　　　·绿藻门

石莼·　　　　　·蓝绿藻门

硅藻·　　　　　·裸藻门

眼虫·　　　　　·褐藻门
　　　　　　　　　（答案在第20—29页）

8 是非题。是的打○，不是的打×。

（　）褐藻是单细胞藻类。

（　）褐藻多生长在潮间带中段的地区。

（　）海带具有治疗甲状腺肿、水肿及利
　　　尿等功效。

（　）红藻可以生长在较深的水域中。

（　）红藻富含藻胶，可用来提炼琼脂。
　　　　　　　　　（答案在第24—27页）

9 下面哪些是甲藻和裸藻的共同特征？
　请打✓。

（　）兼具动、植物的特征。

（　）具有鞭毛，可以自由游动。

（　）会分泌毒素。

（　）具有膜壳。

（　）可进行异养生活。
　　　　　　　　　（答案在第28—29页）

10 连连看，下列的菌类或藻类有何用途？

内生菌根菌·　　　　·水产养殖饲料

红曲菌·　　　　·生物肥料

黑僵菌·　　　　·生物杀虫剂

绿球藻·　　　　·保健食品

蓝绿藻·　　　　·固氮基因
　　　　　　　　　（答案在第30—33页）

■ 我想知道……

这里有30个有意思的问题，请你沿着格子前进，找出答案，你将会有意想不到的惊喜哦!

开始!

藻类和菌类为什么不属于植物界?
P.06

地衣是哪两类生物的共生体?
P.07

为什么地作为空气指标?

哪种藻类分布最广?
P.19

藻类的分类是根据什么?
P.19

世界著名的红海的颜色是怎样形成的?
P.20

太棒赢得金牌。

为什么绿毛龟背上会生长绿藻?
P.18

名贵的松露菌是属于哪种菌根菌?
P.31

哪位诺贝尔奖得主曾用绿藻研究植物的光合作用?
P.32

藻类生产的哪一种气体可当作新能源?
P.33

青霉素的杀菌功能是怎样被发现的?
P.17

为什么微藻会被称为浮游植物?
P.29

哪种藻类是数量最多的浮游生物?
P.28

颁发洲金

太厉害了，非洲金牌也是你的!

足癣是什么菌引起的?
P.16

荧光菌如何发光?
P.15

仙女环是怎样形成的?
P.14

什么是冬

衣可以污染的

P.07

为什么黏菌不属于菌类?

P.08

鸡肉丝菇和哪种昆虫共生?

P.09

不错哦，你已前进5格。送你一块亚洲金牌！

鲜艳的毒蝇伞和哪种树共生?

P.09

了，美洲

绿藻为什么被认为是植物的祖先?

P.22

海带芽是哪一种藻类?

P.25

哪一种菌类没有菌丝，而是单细胞生物?

P.09

太好了！
你是不是觉得:
Open a Book！
Open the World！

哪种藻类是世界上长得最快的海藻?

P.25

"菇中之王"是指哪种菌类?

P.09

大洋牌。

琼脂是从哪种藻类中提炼出来的?

P.27

为什么红藻可以生长在较深的海域?

P.26

哪种菌类会在壁癌里生长?

P.11

虫夏草?

P.13

哪种菌类常用来发酵?

P.12

获得欧洲金牌一枚，请继续加油！

制造豆腐乳是利用哪一种菌类?

P.11

图书在版编目（CIP）数据

菌类与藻类：大字版 / 高爱菱撰文. —北京：中国盲文
出版社，2014.5

（新视野学习百科；40）

ISBN 978-7-5002-5074-6

Ⅰ. ①菌… Ⅱ. ①高… Ⅲ. ①菌类植物—青少年读物
②藻类—青少年读物Ⅳ. ①Q949.329-49 ②Q949.2-49

中国版本图书馆 CIP 数据核字 (2014) 第 084729 号

原出版者：暢談國際文化事業股份有限公司
著作权合同登记号 图字：01-2014-2119 号

菌类与藻类

撰　　文：高爱菱

审　　订：黄淑芳

责任编辑：高铭坚

出版发行：中国盲文出版社

社　　址：北京市西城区太平街甲 6 号

邮政编码：100050

印　　刷：北京盛通印刷股份有限公司

经　　销：新华书店

开　　本：889×1194　1/16

字　　数：33 千字

印　　张：2.5

版　　次：2014 年 12 月第 1 版　2014 年 12 月第 1 次印刷

书　　号：ISBN 978-7-5002-5074-6/ Q · 29

定　　价：16.00 元

销售热线：（010）83190288 83190292　　　　　版权所有　侵权必究

绿色印刷　保护环境　爱护健康

亲爱的读者朋友：

　　本书已入选"北京市绿色印刷工程—优秀出版物绿色印刷示范项目"。它采用绿色印刷标准印制，在封底印有"绿色印刷产品"标志。

　　按照国家环境标准（HJ2503-2011）《环境标志产品技术要求 印刷 第一部分：平版印刷》，本书选用环保型纸张、油墨、胶水等原辅材料，生产过程注重节能减排，印刷产品符合人体健康要求。

　　选择绿色印刷图书，畅享环保健康阅读！

北京市绿色印刷工程